Eine neue Methode zur Bestimmung der mitteleuropäischen Ulmen

– Ein Leitfaden für die Praxis –

Gordon Mackenthun

Impressum

Die Deutsche Nationalbibliothek verzeichnet diese Publikation in der Deutschen Nationalbibliographie; detaillierte bibliographische Daten sind im Internet über http://dnb.dnb.de abrufbar.

1. Auflage April 2021

Herstellung und Verlag: BoD - Books on Demand, Norderstedt

ISBN 978-3-7534-6178-6

Titelbild:
Flatterulmen im Naturschutzgebiet "Alte Elbe Kathewitz" bei Torgau
alle Fotos: G. Mackenthun

Einleitung: Die Ulmen – eine schwierige Gattung

Die Ulmen der europäischen Dendroflora gelten als notorisch schwierig. Dafür gibt es drei teilweise ineinandergreifende Gründe:

- Die Natur sorgt von sich aus mit einer enormen Fülle an Varietäten, Formen und Spielarten für eine große Unübersichtlichkeit. Hinzu kommt, dass manche Arten miteinander hybridisieren und fertile Nachkommen haben, was zu einem enormen hybridogenen Formenschwarm führt.

- Der ordnungsliebende Mensch kann es nicht lassen, immer neue Schubladen für abweichende Formen zu erfinden. Diese Tendenz ist vor allem in Großbritannien weit verbreitet. Das Ergebnis ist eine unübersehbare Fülle an Unterarten, Microspecies, Sorten und Rassen.

- Mit den modernen Züchtungen resistenter Ulmenarten wird asiatisches Genmaterial in die europäischen Bestände eingebracht. Es entstehen sogenannte Komplexhybride, die mehr als zwei Elternarten haben. Die logische Folge davon ist eine noch größere Formenfülle.

In Mitteleuropa kann die Situation als vergleichsweise übersichtlich bezeichnet werden. Spätestens seit der Ulmenkonferenz 1998 in Chicago ist allgemein anerkannt, dass wir es bei uns mit drei Arten zu tun haben: Flatterulme (*Ulmus laevis*), Feldulme (*Ulmus minor*), Bergulme (*Ulmus glabra*) und mit ihrem Hybrid, der Holländischen Ulme (*Ulmus* x *hollandica*; Buchel 2000).

Ökologie

Die sichere Identifizierung von Ulmenarten ist kein abstraktes Spiel unter Botanikern, sondern hat unmittelbare Konsequenzen. Die ökologischen Unterschiede zwischen den verschiedenen Sippen treten auf drei Gebieten klar hervor. Das ist zum ersten die Resistenz gegen die Holländische Ulmenkrankheit. Die Flatterulme hat eine hohe Feldresistenz, d.h. sie wird in der freien Landschaft weniger von den Ulmensplintkäfern und damit von der Krankheit befallen als andere Sippen. Überdies kann die Flatterulme die Krankheit vermutlich auch ausheilen (Müller-Kroehling 2003; Schwab 2001). Zum zweiten sind die Fortpflanzungsstrategien der verschiedenen Ulmensippen unterschiedlich. Die Feldulme pflanzt sich bevorzugt vegetativ fort, hauptsächlich in Form von Wurzelbrut. Die Flatterulme hingegen verbreitet sich, nach allem was wir wissen, ausschließlich generativ über Früchte und Samen (Mittenpergher 1996; Müller-Kroehling 2003). Zum dritten können manche Sippen Überschwemmungen monatelang überstehen, andere sind empfindlicher.

Für eine fachlich befriedigende Arbeit mit Ulmen, sei es unter naturschutzfachlichen, sei es unter forstwirtschaftlichen Gesichtspunkten, ist es unerlässlich, die Ulmensippen gedanklich voneinander zu trennen. Aus der sicheren Ansprache resultieren unterschiedliche Strategien, den Schutz, die Vermehrung oder auch die Neubegründung von Ulmenbeständen betreffend. Beispielsweise ist die Feldulme viel anfälliger für die Holländische Ulmenkrankheit als die Flatterulme. Verwechselt man die beiden, bepflanzt man unter Umständen eine Fläche mit Feldulmen, die 10 Jahre später tot sind; die Flatterulme wäre vielleicht die richtige Wahl gewesen. Die verschiedenen Ulmenarten unterscheiden sich also erheblich in ihrer Ökologie.

Wie bereits erwähnt, sind manche Arten empfindlicher gegenüber der Holländischen Ulmenkrankheit, andere deutlich weniger. Die Feldulme ist am anfälligsten, es folgen die Bergulme und die Holländische Ulme. Die Flatterulme gilt als resistent.

Bestandserfassungen

Zu den Ulmen im Leipziger Auwald liegen eine sehr umfassende Erhebung des Gehölzbestands (Engelmann et. al 2020), eine Starkbaumkartierung (Stadt Leipzig 1998) sowie die entsprechenden Daten aus einer bundesweiten Erfassung vor (Bundesanstalt für Landwirtschaft und Ernährung 2007). In den beiden ersten Arbeiten werden Ulmen als "*Ulmus spec.*" angegeben, also ohne Artangabe. Letztere benennt zwar die Arten, hat aber die weit verbreitete Holländische Ulme außer Acht gelassen. Diese Unschärfen sind deswegen bedauerlich, weil alle drei Arbeiten über eine sehr breite empirische Basis verfügen.

Bestimmung

Auch unter Fachleuten ist die korrekte Ansprache der Ulmenarten umstritten. Manche Kolleginnen und Kollegen scheuen vor einer Festlegung zurück. Teilweise bieten auch die gängigen Bestimmungsschlüssel keine befriedigende Lösung an. Vielfach werden sich überschneidende Angaben gemacht (Blätter 4 bis 8 cm lang / Blätter 6 bis 12 cm lang), es werden relative Merkmale herangezogen (junge Pflanzenteile mehr oder weniger rotdrüsig) oder solche, die nur über einen begrenzten Zeitraum in der Vegetationsperiode feststellbar sind (Zweige behaart, später verkahlend).

Zum Beispiel wird in einer älteren Ausgabe des "Rothmaler" / Kritischer Band (Schubert und Vent 1990) "sehr variabel" als Merkmal angegeben. Bei der Trennung zweier Unterarten der Bergulme voneinander wird die Blattdicke herangezogen. Sie beträgt 30 bis 100 µm bei der einen, 80 bis 240 µm bei der anderen Sippe. Davon abgesehen, dass dieses Merkmal im Gelände schwer zu bestimmen ist, führen auch die Maßangaben in die Irre: Blätter von 80 bis 100 µm Dicke können nicht zugeordnet werden.

Die aktuellen Floren behandeln die Ulmen auf recht unterschiedliche Weise. Im Kritischen Band des "Rothmaler" werden sie nicht mehr geführt (Müller et al. 2016). Im Grundband (Jäger

2017) trifft man bei der Gattung *Ulmus* immer wieder auf sich überschneidende oder relative Merkmale. Bei der Holländischen Ulme wird zutreffend festgestellt, sie sei schwer von den Elternarten zu unterscheiden. Zu den Blätter heißt es dann, sie seien groß und breit oder klein oder schmal.

Die beiden spezialisierten Gehölzfloren behandeln ein weites Spektrum von Ulmenarten, auch wenn manche davon bei uns ausgesprochen selten sind (Schmidt und Schulz 2017 sowie Roloff und Bärtels 2018). Auf die asiatische Geschlitztblättrige Ulme (Mandschurische Ulme; *Ulmus laciniata*) trifft das zu (Roloff und Bärtels 2018) oder auch auf die amerikanische Rotulme (*Ulmus rubra*; Schmidt und Schulz 2017). Bei der Bestimmung der Arten gehen die beiden Floren unterschiedliche Wege. Schmidt und Schulz (2017) bieten eine Vielzahl von Merkmalen an, die zur Bestimmung herangezogen werden können. Auch hier überschneiden sich die Angaben teilweise. Die Blattlänge der Feldulme liegt zwischen 2 und 12 cm, die der Holländischen Ulme 6 bis 16 cm. Als relativ sind Merkmale anzusehen, nach denen beispielsweise die Unterseite der Blätter der Japanischen Ulme anfangs dicht behaart ist und später meist verkahlt. Wann "später" ist, wird nicht definiert. Roloff und Bärtels (2018) gehen einen anderen Weg und bieten zunächst einen reinen Bestimmungsschlüssel. Weitere Angaben folgen bei den Artbeschreibungen. Der Schlüssel führt über einige wenige Kernmerkmale (raue Blattoberseite bei der Bergulme, Korkleisten bei der Feldulme und die samtig behaarte Blattunterseite bei der Flatterulme) rasch zum Ziel. Nicht abgebildet werden die zahlreichen Zwischenformen, denen man in der Natur begegnet. Bei einzelnen Individuen der Bergulme können mehrspitzige Blätter fehlen, es gibt Feldulmen ohne Korkleisten, Blätter der Holländischen Ulme können mehr als 12 cm lang sein.

Wichtig ist der Hinweis, zur Artbestimmung nur Blätter der Kurztriebe heranzuziehen (Roloff und Bärtels 2018). Schmidt und Schulz (2017) halten Früchte für eine sichere Bestimmung für erforderlich. Beide Florenwerke führen zahlreiche Sorten auf, wobei Schmidt und Schulz (2017) den Schwerpunkt auf ältere Kulturformen legen, während Roloff und Bärtels (2018) den jüngeren Resistenz-Züchtungen einen eigenen Absatz einräumen.

Einig sind sich die Floren, den "Rothmaler" eingeschlossen, darin, dass die Holländische Ulme als Hybrid der Feld- und der Bergulme mit den Bestimmungsschlüsseln kaum zu fassen ist. Jäger et al. (2017) weisen zu Recht darauf hin, dass wir es mit einem "hybridogenen Formenschwarm" zu tun haben, und "der Bastard ist schwer von seinen Eltern zu unterscheiden".

Vor diesem Hintergrund ist festzuhalten, dass der vorliegende Bestimmungsschlüssel nicht als Konkurrenz zu den Gehölzfloren zu verstehen ist, sondern als Ergänzung.

Holländische Ulme

Die Hybridisation an sich ist kein besonderes Problem in der Biologie. Schwierig wird es, wenn die Hybride ihrerseits fertile Nachkommen haben, diese auch wieder und so weiter fort. Es wäre nicht überraschend, wenn genetische Analysen zu dem Schluss kämen, ein bestimmtes Ulmen-Individuum habe einen Anteil von 7/16 der Feld- und 9/16 der Bergulme. Man kann dies als hybridogenen Formenschwarm oder auch als ein genetisches Kontinuum bezeichnen, mit der Feld- und der Bergulme als Eckpunkte dieses Kontinuums mit jedem beliebigen Hybrid dazwischen (Mackenthun 2000 und 2003).

Es ist daran zu erinnern, dass die botanische Systematik eine Erfindung des Menschen ist. Es gibt keine "objektive", also vom Blickwinkel der Betrachterin oder des Betrachters aus unabhängige Zuordnung eines Hybrids zu einer bestimmten Sippe. Er hat die Schubladen geschaffen, in die sich hybride Pflanzen, wenn überhaupt, nur mit erheblichem Nachdruck pressen lassen. Selbst wenn es gelingt, dafür eine passende Schublade zu finden, bleibt das Problem mit den Nachbar-Schubladen. Es stellt sich die Frage, wie sich die eine von der anderen abgrenzen lässt. Bei dem Beispiel mit den gebrochenen Anteilen stehen 16/16 für eine reine Berg- oder Feldulme. Die nächsten Nachbarn könnten Anteile von 3/16 und 13/16 haben. Es steht zu erwarten, dass sich solche Individuen morphologisch kaum von der reinen Elternart unterscheiden lassen. Oder eine der Arten wird in der Merkmalsausprägung als deutlich dominant wahrgenommen. Hier ist jede Abgrenzung willkürlich. Dies aber nicht etwa, weil die Wissenschaft keine handhabbaren Kriterien für die Abgrenzung der Individuen voneinander findet, sondern weil es diese Kriterien nicht gibt und nicht geben kann. Letztlich ist eine Holländische Ulme das, was wir als Holländische Ulme definieren.

Ausschlaggebend ist in der botanischen Systematik der Begriff der Merkmalsdiskontinuität. Um zwei Individuen ihren jeweiligen Arten zuordnen zu können, muss mindestens ein Merkmal in zwei unterschiedlichen Ausprägungen vorhanden sein. Beispiel: Die eine Sippe hat Blattlängen von 6 bis 8 cm, die andere von 10 bis 16 cm. Bei der Holländischen Ulme fehlen diese eindeutigen Diskontinuitäten. Die Hybriden füllen den gesamten virtuellen Raum zwischen diesen klar definierten Elternarten aus.

Mit den Eichen und den Linden in Mitteleuropa gibt es vergleichbare Probleme.

Im Ergebnis sind die vielen Sippen auch für Fachleute nur schwer unterscheidbar. Die Situation ist für alle, die intensiv mit Ulmen arbeiten müssen, höchst unbefriedigend. Nicht ohne Grund wurde die Entwicklung eines neuartigen Schemas zur Bestimmung der Ulmen durch Erfassungsarbeiten im Leipziger Auwald angestoßen. Das nachfolgende Schema dürfte für die Flatterulme einerseits, die Feld- und die Bergulme anderseits hinreichend sicher und eindeutig sein. Probleme machen die Formen dazwischen. In dieser Hinsicht kann das Schema keine systematisch korrekte und ökologisch handhabbare Lösung anbieten. Wie sich noch zeigen wird, gibt es für die Holländische Ulme nur die Variante: Alle einheimischen Ulmen, die bis hierhin keiner der Sippen zugeordnet werden konnten, müssen zwangsläufig als Holländische Ulmen aufgefasst werden.

Züchtungen

Die Formenmannigfaltigkeit bei den mitteleuropäischen Ulmen ist unabsehbar groß. Neben den natürlichen Hybriden gibt es zahlreiche Zuchtformen, häufig als Komplexhybride mit mehr als zwei Elternarten und oftmals unter Beteiligung asiatischer Arten. Mit den modernen Züchtungen resistenter Ulmenarten wird asiatisches Genmaterial in die europäischen Bestände eingebracht. Die logische Folge ist eine noch größere Formenfülle.

Anwendung des Bestimmungsschemas

Empfohlen wird ein pragmatischer Ansatz. Wenn auf einer Untersuchungsfläche 100 Ulmen stehen und alle bis auf drei sind eindeutig bestimmbar, dann dürfte das aus ökologischer Sicht irrelevant und hinnehmbar sein. Unter Umständen steht dann im Erfassungsbogen tatsächlich "*Ulmus spec.*" Das sollte die Bearbeiterin oder den Bearbeiter nicht davon abhalten, eine Vegetationsperiode später einen erneuten Versuch der Bestimmung zu unternehmen. Sinnvoll mag es sein, mögliche Einflüsse von nicht-europäischen Ulmenarten oder von den neu gezüchteten Komplexhybriden gedanklich mit einzubeziehen. Bei Park- und bei Alleebäumen könnte sich das als zielführend erweisen. In der praktischen Arbeit ist es in der Regel möglich, bestimmte, systematisch unklare Einzelbäume und Baumgruppen mehrfach aufzusuchen. Ulmen variieren nicht nur von Sippe zu Sippe, sondern auch innerhalb eines Individuums. Ein Beispiel ist die Feldulme, deren Blätter in Abhängigkeit von ihrer Stellung in der Baumkrone mal oberseits rau und mal glatt ausfallen. Die individuellen Bäume variieren sowohl im Laufe der Vegetationsperiode als auch von Jahr zu Jahr. Ein kleiner Bestand im Rosental in Leipzig konnte erst mit regelmäßigen Begehungen über drei Vegetationsperioden hinweg als Feldulme identifiziert werden.

Bevor das Schema im Einzelnen vorgestellt wird, sind ein paar Begriffe zu klären.

- Für die Ulmen gibt es in vielen Fällen unklare Angaben zur Blattlänge. Dies ist dem Umstand geschuldet, dass die beiden Blatthälften asymmetrisch ausgebildet sind. Man spricht von der größeren, geförderten und der kleineren, geminderten Blatthälfte.

- Die Länge des Blatts und auch des Blattstiels ist unterschiedlich, je nachdem, auf welcher Seite gemessen wird.

- Die Kronen der Ulmen sind aufgebaut aus Kurztrieben, die in der Regel zwischen 5 und 7 Blätter tragen und der Erschließung des Innenraums der Krone dienen. Das Wachstum ist gebunden, d. h. es werden während der Vegetationsperiode keine zusätzlichen Blätter ausgetrieben.

- Daneben gibt es Langtriebe, die der Erschließung von zusätzlichem Außenraum dienen. Das Wachstum ist ungebunden, d. h. es werden stetig neue Blätter gebildet. Deutlich erkennbar ist dies an den hellen, gelb-grünen Johannistrieben.

- Zu Vergleichszwecken sollte nur das subdistale Blatt eines Kurztriebs aus der Lichtkrone eines Baums verwendet werden. Damit ist ein gewisses Maß an Vergleichbarkeit gegeben. Als subdistal bezeichnet man das zweite Blatt von der Triebspitze aus gesehen.

- Unbefriedigend ist die vielfach geübte Praxis, ein Foto von einem Baum zu machen und auf dieser Grundlage eine sichere Artbestimmung zu erwarten. Es gibt einige Merkmale, die nur gefühlt werden können. Das betrifft beispielsweise die Behaarung oder Borsten.

- Bei Anfragen dieser Art wird oft auch vergessen, ergänzende Merkmale heranzuziehen, beispielsweise die Bildung von Wasserreisern, Wurzelbrut, Merkmale der Wuchsform, der Borke usw.

- Gabelungen der Seitennerven können bei der Feld- und der Bergulme über die gesamte Blattspreite hin auftreten. Es handelt sich nicht um einfache Verzweigungen, vielmehr verläuft der Seitennerv zunächst in gerader Linie zum Blattrand hin, endet abrupt und verläuft in Form zweiter Gabelzinken zum Blattrand.

- Brettwurzeln gelten als untrügliches Merkmal und als Alleinstellungsmerkmal der Flatterulme. Das ist irreführend. Auch an anderen Baumarten können im Leipziger Auwald Brettwurzeln festgestellt werden, etwa an Kirsche und insbesondere Linde. Allerdings ist es schwer, diese morphologisch gegen starke Wurzelanläufe abzugrenzen.

- Die Frucht der Ulme ist eine flache, geflügelte Nuss, die Samara. Der einzelne Same liegt mehr oder weniger in der Mitte der Samara. Seine Position ist kein sicheres Merkmal zur Artbestimmung.

- Einige offensichtliche Merkmale bleiben im Bestimmungsschema unberücksichtigt. Das betrifft beispielsweise die Blattlänge. Hier ist die Variabilität innerhalb einer Art wahrscheinlich größer als die zwischen den Arten. Daraus lässt sich kein Bestimmungsmerkmal ableiten.

- Die Bestimmung der Arten wird immer wieder Unsicherheiten hervorrufen. In diesem Zusammenhang lohnt es sich zu prüfen, wie plausibel eine Ansprache ist. Kann es sein, dass eine einzelne Amerikanische Ulme (*Ulmus americana*), eine enge Verwandte unserer Flatterulme, im Leipziger Auwald vorkommt? Ist es vorstellbar, dass im Leipziger Auwald Kultivare von asiatischen Ulmen gepflanzt wurden?

Das hier vorgeschlagene Schema folgt in gewisser Weise den herkömmlichen dichotomen Bestimmungsschlüsseln, indem eine Reihe von Fragen gestellt werden, die mit ja oder nein beantwortet werden: Blatt unterseits kahl / unterseits behaart. Allerdings müssen die Fragen hinreichend deutlich sein, ebenso die Antworten. Alle hier ausgewählten Merkmale können grundsätzlich einer Ja-Nein-Entscheidung unterworfen werden. Wo das nicht der Fall ist, dürfte das Merkmal beim individuellen Baum nicht kräftig genug ausgeprägt sein.

Neu ist also:

1. Es werden bevorzugt Merkmale herangezogen, die eine klare Ja-Nein-Entscheidung ermöglichen.

2. Diese werden mit Punkten bewertet. Es gibt 3 Punkte für eindeutige Merkmale, wie beispielsweise für die Korkleisten bei der Feldulme. 2 Punkte erhalten Merkmale, die nur ergänzend verwendbar sind, weil sie nicht überall gleichermaßen ausgeprägt sind. Das gilt etwa für den kurzen Blattstiel bei der Bergulme. Wie schon erwähnt, ist die Blattlänge nur eingeschränkt zur Artbestimmung geeignet; das Merkmal bekommt nur 1 Punkt.

3. Eine Artbestimmung gilt als gesichert, wenn 10 Punkte erreicht sind; dies ist selbstverständlich eine willkürliche Festlegung.

4. Es werden deutlich mehr Merkmale angegeben und bewertet, als zur Bestimmung erforderlich sind. Beispielsweise kann eine Flatterulme maximal 26 Punkte erreichen.

Insgesamt sind 30 Merkmale abzufragen. Das hört sich aufwendig an. In der Praxis und mit ein bisschen Übung ist die Bestimmung eine Sache von wenigen Minuten. Problematisch ist der Umstand, dass nicht immer alle Merkmale greifbar sind. Das kann jahreszeitliche oder witterungsbedingte Gründe haben; im dichten Bestand können unter Umständen Blüten, Früchte und Blätter nicht erreichbar sein (siehe Titelbild).

Das vorgeschlagene Schema sieht fünf Schritte vor:

- Schritt 1: Zunächst wird die Flatterulme allen anderen einheimischen Ulmen gegenüber gestellt.

- Schritt 2: Dann wird die Hollandica-Gruppe definiert.

- Schritt 3: Anschließend wird die Feldulme aus der Hollandica-Gruppe herausgelöst …

- Schritt 4: … und dann die Bergulme.

- Schritt 5: Die verbleibenden Individuen, die bis hierhin keiner der Sippen zugeordnet werden können, sollten sinnvollerweise als Holländische Ulmen aufgefasst werden.

Probleme der Hollandica-Gruppe

Zur Hollandica-Gruppe zählen in Mitteleuropa die Berg- und die Feldulme sowie ihr Hybrid, die Holländische Ulme.

Wenn bei der Bestimmung eines konkreten Individuums sowohl Merkmale der Feld- wie auch der Bergulme auftreten und vor allem, wenn sie jeweils nicht die erforderlichen 10 Punkte erreichen, ist wohl von einer Vertreterin der Holländischen Ulme auszugehen. Das ist kein zufriedenstellendes Ergebnis, weil es wie eine Art Notlösung anmutet. Ursache hierfür sind aber nicht Mängel des hier vorgeschlagenen Bestimmungswegs, vielmehr spiegeln sich die natürlichen Verhältnisse in dem weit gespannten Hybridschwarm der Hollandica-Gruppe wider. Klar abgrenzbare Unterscheidungsmerkmale zur Feld- und zur Bergulme fehlen. Da die Nachkommen des Hybrids ihrerseits fertil sind, entsteht eine praktisch unbegrenzte Vielfalt, die hier zusammenfassend Hollandica-Gruppe genannt wird. Es muss also damit gerechnet werden, dass Mischformen der Bergulme mit mehr oder weniger großen Anteilen der Feldulme existieren und umgekehrt.

Darüber hinaus waren verschiedene Formen der Holländischen Ulme Ausgangspunkte in der Züchtung und in der Resistenzforschung. Es ist damit zu rechnen, dass sie genetische Spuren hinterlassen haben. Als Beispiel ist im Schema die Vegeta-Ulme aufgeführt (Schritt 5).

Letztendlich und abschließend entscheidet die Bearbeiterin oder der Bearbeiter über die spezifische Zuordnung eines Individuums zu einer Sippe. Ausschlaggebend ist dabei die Aufgabenstellung des jeweiligen Projekts. Das vorliegende Schema ist eine gutachterliche Hilfestellung und kein Automatismus. Die Bestimmungen können weiterhin mit Unsicherheiten verbunden sein. Beispielsweise könnte bei einem Baum unklar sein, ob er Brettwurzeln oder kräftig ausgefallene Wurzelanläufe aufweist. Auch in einem solchen Fall muss letztlich die Bearbeiterin oder der Bearbeiter über die Bestimmung entscheiden – oder eine Festlegung ablehnen. Das gleiche gilt für den Fall, dass in einem Einzelfall nur 8 oder 9 Punkte erreicht werden.

Selbstverständlich sind die Festlegungen der Punkte für die Merkmale wie auch die 10-Punkte-Schwelle willkürlich. Da das vorlegte Schema zur Bestimmung der einheimischen Ulmen eher als Handwerkszeug und weniger als wissenschaftliche Neubearbeitung der Gattung *Ulmus* aufzufassen ist, liegt es im Ermessen der Bearbeiterin oder des Bearbeiters, das Werkzeug den jeweiligen Bedürfnissen und den Fragestellungen des jeweiligen Projekts anzupassen. Eine zwingende Alleingültigkeit wird nicht postuliert.

Das vorgeschlagene Schema zur Bestimmung der Ulmenarten eignet sich nur für die äußerst begrenzte Anzahl einheimischer und natürlich vorkommender Ulmen. Für Kultivare, wie beispielsweise die relativ neuen *Ulmus* 'New Horizon' oder *Ulmus* 'Columella' ist das vorliegende Schema nicht geeignet. Die Sorten treten im Leipziger Auwald oder in anderen Auwäldern nicht spontan auf, sondern sind im wesentlichen gepflanzte Straßen- und Parkbäume. Meistens sind sie noch recht jung. Bedauerlicherweise gibt es keine Bestimmungsliteratur für diese älteren und jüngeren Sorten. Die Standardwerke "Iepen voor Nederland" (Stolk 2001) und "Iep of Olm" (Heybroek et al. 2009) geben zwar Auskunft zu zahlreichen Züchtungen, Bestimmungsschlüssel sind jedoch nicht enthalten. Zur Bestimmung dieser vielfältigen Formen ist der Lieferschein der Baumschule das geeignetste Dokument.

Bestimmung der mitteleuropäischen Ulmen

Schritt 1:

Die Flatterulme wird den anderen einheimischen Ulmen gegenüber gestellt

Die Flatterulme ist eindeutig identifizierbar. Anhand der folgenden 11 Merkmale ist eine sichere Bestimmung möglich. Da diese Art bei uns nicht hybridisiert, gibt es auch keine Übergangsformen zu anderen Sippen der Ulme. Insgesamt sind 26 Punkte erreichbar, für die sichere Bestimmung sollten 10 Punkte ausreichen.

Flatterulme

Blatt unterseits auf und zwischen den Seitennerven weich-samtig behaart

3 Punkte

Die feine, hellgraue Behaarung bleibt sehr lange erhalten und ist im Herbst manchmal noch bei abgefallenen Blättern feststellbar. Wichtig ist der samtige Gefühlseindruck, wenn man das Blatt zwischen den Fingern hält. Die Morphologie der Haare selbst spielt in diesem Zusammenhang keine Rolle. Das Merkmal kann auch bei Blättern aus Wasserreisern auftreten.

Erkennbarkeit: Sommer

Flatterulme

Keine Gabelung der Seitennerven in den oberen zwei Dritteln der Blattspreite

3 Punkte

Bei den Blättern der Flatterulme verlaufen die Seitennerven gleichmäßig und parallel. Gabelungen treten nur auf, wenn die Seitennerven im unteren Drittel der Blattspreite beginnen. Es empfiehlt sich, mehrere Blätter heranzuziehen.

Erkennbarkeit: Sommer

Flatterulme

Blüten und Früchte 10 bis 30 mm lang gestielt

3 Punkte

Dieses Merkmal ist namensgebend für die Flatterulme: Die Blüten – und später auch die Früchte – "flattern" an ihren langen Stielen. Das Merkmal ist unverkennbar.

Erkennbarkeit: Frühjahr

Flatterulme

Früchte am Rand bewimpert

3 Punkte

Wenn man eine einzelne Frucht gegen das Licht hält, ist der Wimpernrand sofort sichtbar. Das Merkmal ist unverkennbar.

Erkennbarkeit: Frühjahr

Flatterulme

Blattzähne scharf zur Blattspitze hin gebogen

2 Punkte (als ergänzendes Merkmal verwendbar)

Die Blattränder können bei den Ulmen äußerst vielgestaltig sein, von fast stumpf bis scharf zugespitzt, einfach, doppelt oder mehrfach gesägt, gebogen oder gerade.
Bei der Flatterulme sind Blattzähne typischerweise scharf "sichelförmig" zur Blattspitze hin gebogen.
Für sich allein ist die Blattzähnung kein Merkmal, sie kann aber eine fast sichere Artbestimmung mit 8 oder 9 Punkten erhärten.

Erkennbarkeit: Sommer

Flatterulme

Asymmetrischer Blattgrund; Blattstiel oft auf der geminderten Seite doppelt so lang wie auf der geförderten Seite

2 Punkte (als ergänzendes Merkmal verwendbar)

Bei der Asymmetrie der Ulmenblätter sind die beiden unterschiedlichen Hälften zu berücksichtigen. Die Ansatzstellen des Blattrands am Blattstiel können sehr weit auseinanderliegen. Dabei ist der Blattstiel auf der Seite der geförderten Hälfte deutlich länger als auf der anderen Seite.

Erkennbarkeit: Sommer

Flatterulme

Knospen durchgängig zugespitzt

2 Punkte (als ergänzendes Merkmal verwendbar)

Bei der Flatterulme sind die Blatt- und die Blütenknospen kaum voneinander zu unterscheiden. In der Regel sind an einem Kurztrieb die Knospen 1 bis 3 Blattknospen, danach schließen sich die Blütenknospen an.
Die Knospen sind durchgängig mehr oder weniger zugespitzt, die Blütenknospen treiben sehr früh aus.

Erkennbarkeit: Winter, Frühjahr

Flatterulme

Früchte mehr oder weniger rund und kleiner als eine 1-Cent-Münze

2 Punkte (als ergänzendes Merkmal verwendbar)

Die Flatterulme hat die kleinsten Früchte unter den drei einheimischen Ulmenarten.
Die 1-Cent-Münze dient der Veranschaulichung.

Erkennbarkeit: Frühjahr

Flatterulme

Stiele der Früchte noch im Herbst und Winter sichtbar

2 Punkte

Dieses Merkmal kann bei oberflächlicher Betrachtung zu Verwechselungen mit Ahornen führen, insbesondere dem Eschenblättrigen Ahorn.
Die Knospen der Ulmen sind wechselständig, die der Ahorne sind gegenständig.

Erkennbarkeit: Herbst und Winter

Flatterulme

Ausgeprägte Brettwurzeln

2 Punkte (als ergänzendes Merkmal verwendbar)

Gelegentlich wird behauptet, die Flatterulme sei die einzige mitteleuropäische Baumart, die Brettwurzeln ausbildet. Das stimmt nicht, auch an Kirsche und vor allem an Linde sind schon Brettwurzeln gesehen worden. Allerdings ist es schwer, diese gegen starke Wurzelanläufe abzugrenzen.

Erkennbarkeit: ganzjährig

Flatterulme

Ausgeprägte Wasserreiser am Stamm

2 Punkte (als ergänzendes Merkmal verwendbar)

Die Flatterulme neigt sehr stark zur Bildung von Wasserreisern; ein ökologischer Grund dafür ist nicht bekannt. Auch an anderen Baumarten können vielfach Wasserreiser festgestellt werden.

Erkennbarkeit: ganzjährig

Schritt 2:
Die Hollandica-Gruppe wird definiert

Zur Hollandica-Gruppe zählen in Mitteleuropa die Berg- und die Feldulme sowie ihr Hybrid, die Holländische Ulme. Als Gruppe sind diese Sippen leicht von der Flatterulme zu trennen. Schwierigkeiten bereitet die enorme morphologische Variabilität innerhalb der Arten und zwischen ihnen innerhalb der Gruppe. Klare Merkmalsunterschiede fehlen.

Wenn die folgenden 4 Merkmale gegeben sind, kann hinreichend sicher von einer Form aus der Hollandica-Gruppe ausgegangen werden. Insgesamt sind 8 Punkte erreichbar.

Hollandica-Gruppe

Gabelung der Seitennerven über die gesamte Blattspreite

3 Punkte

Die Gabelungen der Seitennerven können über die gesamte Blattspreite auftreten. Der Seitennerv verläuft zunächst in gerader Linie zum Blattrand hin, endet abrupt und verläuft in Form zweier Gabelzinken zum Blattrand.

Erkennbarkeit: Sommer

<u>Hollandica-Gruppe</u>

Knospen teils zugespitzt und teils kugelförmig

2 Punkte (als ergänzendes Merkmal verwendbar)

Die Blattknospen sind zugespitzt und stehen an der Spitze eines vorjährigen Triebs. Die kugelförmigen Blütenknospen treiben früher aus als die Blattknospen, gelegentlich schon im Februar. Die Blütenknospen der Bergulme sind vergleichsweise groß, 8 bis 10 mm im Durchmesser, während die Blattknospen 10 bis 12 mm lang sind.

Erkennbarkeit: Winter, Frühjahr

<u>Hollandica-Gruppe</u>

Blüten sitzend in dichten Büscheln, sehr kurz gestielt

2 Punkte (als ergänzendes Merkmal verwendbar)

Die Blüten sitzen zu mehreren in dichten Büscheln.
Auf eine männliche Phase (Staubblätter sichtbar; Bild rechts) folgt eine weibliche Phase (Narben sichtbar).
Markante Unterschiede zwischen Feld- und Bergulme gibt es bei diesem Merkmal nicht.

Erkennbarkeit: Frühjahr

Hollandica-Gruppe

Blattränder stumpf gesägt

1 Punkt (eingeschränkt zur Bestimmung geeignet)

Blätter der Feld-, der Bergulme sowie des Hybrids können die unterschiedlichsten Formen annehmen, dazu gehört auch die Ausprägung der Blattränder. Ein stumpf gesägtes Blatt spricht eher gegen eine Bestimmung als Flatterulme, nicht aber zwingend für ein Exemplar aus der Hollandica-Gruppe. Stark gesägte Blattränder können bei allen Sippen auftreten, stumpfe Blattzähne jedoch bevorzugt bei Feld- und Bergulme.

Erkennbarkeit: Sommer

Schritt 3:

Die Feldulme wird aus der Hollandica-Gruppe herausgelöst

Die Feldulme stellt den einen Endpunkt des weit aufgefächerten Hybridschwarms der Hollandica-Gruppe dar. Klar abgrenzbare Unterscheidungsmerkmale zur Holländischen und zur Bergulme fehlen. Insgesamt sind 15 Punkte bei 7 Merkmalen erreichbar, für die sichere Bestimmung sollten 10 Punkte ausreichen.

Feldulme

Korkleisten an jungen Trieben

3 Punkte

Korkleisten sind charakteristisch für die Feldulme. Normalerweise stehen sie an bis zu fünfjährigen Trieben. Auch am Stamm können korkige Auflagerungen auftreten. Bei einzelnen Exemplaren ist die Korkbildung so stark, dass eine eigene Art postuliert wurde; heute wird die "Korkulme" als Spielart angesehen.
Dieses Merkmal kann bei oberflächlicher Betrachtung zu Verwechselungen mit dem Spitzahorn führen. Die Blätter der Ulmen sind allerdings wechselständig, die des Ahorns sind gegenständig.

Erkennbarkeit: ganzjährig

Feldulme

Ausgeprägte Wurzelbrut

3 Punkte

Die Feldulme pflanzt sich in Mitteleuropa überwiegend vegetativ fort. Speziell die Wurzelbrut trägt zur Erhaltung und Ausdehnung der Art bei. Im Gelände ist unter günstigen Bedingungen zu sehen, wie ein Kette von Schösslingen auf einer Starkwurzel wächst.

Erkennbarkeit: Frühjahr, Sommer, Herbst

Feldulme

Breiteste Stelle des Blatts in der Mitte

2 Punkte (als ergänzendes Merkmal verwendbar)

Im typischen Fall ist das Blatt der Feldulme in etwa rautenförmig. Das Merkmal ist am besten an Blättern der Lichtkrone zu beobachten. Für eine sichere Aussage sollten an einem Individuum 10 oder 20 Blätter gesammelt und sachgerecht gemessen werden. Für sich allein ist die Lage der breitesten Stelle kein Merkmal, es kann aber eine fast sichere Artbestimmung erhärten.

Erkennbarkeit: Sommer

<u>Feldulme</u>

Blätter an ein und demselben Baum oberseits teils stumpf / rau, teils glänzend / glatt

2 Punkte (als ergänzendes Merkmal verwendbar)

Je nach Stellung der Blätter in der Baumkrone können sie sehr variabel ausfallen. Blätter an ein und demselben Baum können oberseits teils stumpf / rau, teils glänzend / glatt sein. Für sich allein dies kein Merkmal, es kann aber eine fast sichere Artbestimmung erhärten.
Auch hier empfiehlt es sich, eine größere Anzahl Blätter zu betrachten.

Erkennbarkeit: Sommer

<u>Feldulme</u>

Früchte mehr oder weniger rund und kleiner als eine 2-Cent-Münze

2 Punkte (als ergänzendes Merkmal verwendbar)

Die Früchte der Feldulme sind nach Form und Größe recht variabel. In der Regel sind sie nicht langgezogen, sondern breit-elliptisch bis rundlich.
Die Feldulme blüht und fruchtet selten in Mitteleuropa.
Die 2-Cent-Münze dient der Veranschaulichung.

Erkennbarkeit: Frühjahr

Feldulme

Blätter an ein und demselben Baum sehr variabel, Blattgrund von stark asymmetrisch bis fast symmetrisch, Blattstiel mehr oder weniger lang

1 Punkt (eingeschränkt zur Artbestimmung geeignet)

Je nach Stellung der Blätter in der Baumkrone können sie sehr variabel ausfallen (Lichtkrone / Schattenkrone, Kurztrieb / Langtrieb usw.). Für sich genommen ist das kein Merkmal, kann aber zur Bestätigung einer Bestimmung herangezogen werden. Auch hier empfiehlt es sich, eine größere Anzahl Blätter zu betrachten.

Erkennbarkeit: Sommer

Feldulme

Das subdistale Blatt an einem Kurztrieb in der Lichtkrone ist bei der Feldulme kleiner als das der Berg- und der Flatterulme

1 Punkt (eingeschränkt zur Artbestimmung geeignet)

Diese Blätter sind in der Regel schwer zu erreichen, besonders im geschlossenen Bestand. Deshalb spielt dieses Merkmal in der Praxis kaum eine Rolle. Außerdem unterliegen Längenmessungen einer starken Streuung. Als grobe Anhaltspunkte für subdistale Blätter können gelten: Feldulme: bis 50 bis 90 mm lang, Berg- und der Flatterulme 80 bis 110 mm lang.

Erkennbarkeit: Sommer

Schritt 4:

Die Bergulme wird aus der Hollandica-Gruppe herausgelöst

Die Bergulme stellt den anderen Endpunkt des weit aufgefächerten Hybridschwarms der Hollandica-Gruppe dar. Klar abgrenzbare Unterscheidungsmerkmale zur Holländischen und zur Feldulme fehlen.

Insgesamt sind 15 Punkte bei 7 Merkmalen erreichbar, für die sichere Bestimmung sollten 10 Punkte ausreichen.

<u>Bergulme</u>

Blattspreite mit mehr als einer Spitze

3 Punkte

Dies ist eines der besten Merkmale für die Bergulme; es kann auch an Wasserreisern und Stockausschlägen vorkommen. In der Literatur wird auf eine Dreispitzigkeit des Blatts verwiesen. Tatsächlich können zwischen 1 und 7 Blattspitzen vorhanden sein.

Erkennbarkeit: Sommer

Bergulme

Ein Öhrchen überdeckt den Blattstiel

3 Punkte

Ein Öhrchen entsteht, wenn der Rand der geförderten Blatthälfte am Übergang zum Blattstiel nicht mehr oder weniger gerade verläuft, sondern eine Art Bogen beschreibt. Das Öhrchen überdeckt an dieser Stelle den Blattstiel. Das Merkmal ist nicht immer deutlich ausgeprägt, wenn es aber hinreichend deutlich vorkommt, ist es ein guter Anhaltspunkt.

Erkennbarkeit: Sommer

Bergulme

Breiteste Stelle des Blatts zur Spitze hin verschoben

2 Punkte (als ergänzendes Merkmal verwendbar)

Dieses Merkmal ist insbesondere an Blättern der Lichtkrone zu beobachten. Für eine sichere Aussage sollten an einem Individuum 10 oder 20 Blätter gesammelt und sachgerecht gemessen werden. Für sich allein ist die Lage der breitesten Stelle kein Merkmal, es kann aber eine fast sichere Artbestimmung mit 8 oder 9 Punkten erhärten.

Erkennbarkeit: Sommer

Bergulme

Blattoberseite gegen den Strich sehr rau

2 Punkte (als ergänzendes Merkmal verwendbar)

Das Merkmal tritt bei der Bergulme konstant auf, teilweise aber auch bei den Hybriden. Die Borsten auf der Blattoberfläche sind zur Spreitenbasis hin ausgerichtet, das Blatt ist also gegen den Strich deutlich spürbar rau ("Schmirgelpapier")

Erkennbarkeit: Sommer

Bergulme

Blattstiel sehr kurz, normalerweise bis höchstens 5 mm lang

2 Punkte (als ergänzendes Merkmal verwendbar)

Im typischen Fall entspringen die beiden Blattränder an derselben Stelle am Stiel, so dass es keinen Unterschied in der Länge des Blattstiels gibt. Dieser ist oft sehr kurz, manchmal ist er nicht mehr als 4 oder 5 mm lang.
Zu beachten ist das Öhrchen (siehe dort).

Erkennbarkeit: Sommer

Bergulme

Früchte eher eiförmig bis elliptisch, kurz gestielt und ungefähr so groß wie eine 5-Cent-Münze

2 Punkte (als ergänzendes Merkmal verwendbar)

Die Früchte der Bergulme sind nach Form und Größe recht variabel. In der Regel sind sie ei-förmig in die Länge gezogen.
Die 5-Cent-Münze dient der Veranschaulichung.

Erkennbarkeit: Frühjahr

Bergulme

Früchte in dichten Büscheln am Zweig

1 Punkt (eingeschränkt zur Artbestimmung geeignet)

Die Früchte sitzen in dichten Büscheln direkt am Zweig ("Flaschenbürste"). Zunächst sind sie grün, später im Frühjahr werden sie gelblich-pergamentfarben.

Erkennbarkeit: Frühjahr / Frühsommer

Schritt 5:
Die verbleibenden Individuen werden als Holländische Ulmen aufgefasst

Alle Individuen, die bis hierhin keiner der Sippen zugeordnet werden konnten, sollten sinnvollerweise als Holländische Ulmen aufgefasst werden.

Einige wenige Formen der Holländischen Ulme weisen eindeutige Merkmale auf. Ein Beispiel ist die Huntingdon-Ulme (*Ulmus x hollandica* 'Vegeta'), die seit 1746 in englischen und niederländischen Baumschulen vermehrt wird.

Huntingdon-Ulme

Blattränder münden nicht in den Blattstiel, es gibt eine kleine Lücke zwischen Rand und Stiel

Die Formenmannigfaltigkeit bei der Holländischen Ulme ist unabsehbar groß. Neben den natürlichen Hybriden in der F1- und der F2-Generation von Berg- und Feldulme gibt es zahlreiche Zuchtformen – oftmals mit der Beteiligung asiatischer Arten. Im Ergebnis sind die vielen Sorten auch für Fachleute nur schwer unterscheidbar. Als einziges Beispiel sei hier die Huntingdon-Ulme genannt, weil sie ein sicheres Merkmal aufweist: die Lücke zwischen Blattrand und Blattstiel.

Erste Ergebnisse

Bei ersten Erhebungen im Juli 2020 im Leipziger Auwald wurden überwiegend Feldulmen gefunden. Die Wurzelbrut (3 Punkte), das Vorkommen von Korkleisten (3), die breiteste Stelle des Blatts in der Mitte (2) und Blätter, die oberseits teils stumpf / rau, teils glänzend / glatt sind (2) reichten zur Bestimmung aus. Merkmale der Blüten und der Früchte waren nicht erforderlich.

Im Rahmen der bereits erwähnten Untersuchung des Baumbestands im Leipziger Auwald (Engelmann et al. 2020) wurden die Ulmen auf 60 Untersuchungsflächen (je 2500 m²) des Projekts "Lebendige Luppe" kartiert. Im Herbst 2020 erfolgte eine Artbestimmung der Ulmen anhand des hier vorgestellten Schlüssels. Von den 1219 vitalen Individuen entfielen auf die Flatterulme 23 (2 %), auf die Bergulme 99 (8 %) und auf die Feldulme 722 (59 %) Exemplare. Weitere 375 Exemplare (31 %) wurden als Holländische Ulmen in die Datenbank aufgenommen. Diese Bäume konnten aufgrund fehlender eindeutiger Merkmale morphologisch weder der Feld- noch der Bergulme zugeordnet werden. Die Vielgestaltigkeit der Blätter bei den der Holländischen Ulme zugeschlagenen Exemplaren in Kombination mit dem Fehlen ausreichender und eindeutiger Merkmale für die Feldulme oder die Bergulme spiegelt somit den Formenschwarm zwischen den beiden Elternarten. Eine Nachbestimmung ist für den Sommer 2021 vorgesehen (Engelmann pers. Mitt.).

Als Autor dieser neuen Methode zur Bestimmung der mitteleuropäischen Ulmen bin ich in hohem Maße daran interessiert, auch von anderer Seite über Erfolge oder Misserfolge bei der Arbeit mit der vorgeschlagenen Methode informiert zu werden. Anmerkungen, Ergänzungen und Korrekturen sind sehr willkommen. Es wird sicher eine Fortschreibung auf breiterer empirischer Basis geben.

Handbuch der Ulmengewächse

Seit einigen Jahren liegt das digitale "Handbuch der Ulmengewächse" vor. Es enthält über 100 Einzelbeiträge zu den verschiedensten Ulmensippen weltweit, insbesondere aber zu den einheimischen. Das "Handbuch ..." wird fortlaufend ergänzt und erweitert. Aktuell ist gegenwärtig die Version 2.7 aus dem Jahr 2021. Es bietet sich an, in Detailfragen das "Handbuch ..." heranzuziehen (Mackenthun 2021).

Danksagung

Zu allererst ist Herrn Andreas Sickert zu danken, Abteilungsleiter Stadtforsten in Leipzig. Er und seine Mitarbeiterinnen und Mitarbeiter haben mich bei der Arbeit mit Ahornen, Eschen und Ulmen tatkräftig unterstützt. Herr Rolf Engelmann von der Universität Leipzig / Deutsches Zentrum für integrative Biodiversitätsforschung (iDiv) war – und ist – ein produktiver und angenehmer Diskussionspartner. Frau Dr. Carmienke, Herrn Prof. Schmidt und meinem Bruder Gerald danke ich für die gründliche Durchsicht des Manuskripts und für viele wertvolle Hinweise.

Literatur

Bundesanstalt für Landwirtschaft und Ernährung 2007: Erfassung und Dokumentation genetischer Ressourcen seltener und gefährdeter Baumarten in Deutschland

Buchel, A. 2000: The species of the genus Ulmus L. – Appendix. In: Dunn, C. (Hrsg.) 2000: The Elms – Breeding, conservation and disease management. Boston (Kluwer), 351-358

Engelmann, R. A.; Seele, C.; Pruschitzki, U.; Hartmann, T.; Kasperidus, H. D.; Scholz, H; Wirth, C. 2020: Der Gehölzbestand des Stieleichen-Ulmen-Hartholzauenwalds (Querco-Ulmetum minoris ISSLER 1942) im Projektgebiet "Lebendige Luppe" in der nordwestlichen Elster-Luppe-Aue bei Leipzig (in Vorbereitung)

Heybroek, H. M.; Goudzwaard, L.; Kaljee, H. 2009: Iep of Olm – Karakterboom van de Lange Landen. KNNV (Zeist)

Jäger, E. J. (Hrsg.) 2017: Rothmaler – Exkursionsflora von Deutschland. Grundband, 21. Aufl., Springer (Heidelberg)

Mackenthun, G. 2000: Die Gattung Ulmus in Sachsen. Forstwissenschaftliche Beiträge Tharandt 9: 1-294

Mackenthun, G. 2003: Zur Blattmorphologie von Feld- und Bergulme. Mitteilungen der Deutschen Dendrologischen Gesellschaft 88: 101-115

Mackenthun, G. 2021: Handbuch der Ulmengewächse. Version 2.7. https://www.ulmen-handbuch.de/handbuch/home.html

Mittenpergher, L. 1996: Ulmus carpinifolia Gleditsch, 1773. In: Schütt, P., H. Weisgerber, H. J. Schuck, U. Lang und A. Roloff (Hrsg.): Enzyklopädie der Holzgewächse, 4. Erg. Lfg. 4/96: 1-14

Müller, F.; Ritz, C.M.; Welk, E.; Wesche, K. (Hrsg.) 2016: Rothmaler – Exkursionsflora von Deutschland. Kritischer Ergänzungsband. 11. Auflage, Springer (Heidelberg)

Müller-Kroehling, S. 2003: Ulmus laevis. In: Schütt, P., H. Weisgerber, H. J. Schuck, U. Lang und A. Roloff (Hrsg.): Enzyklopädie der Holzgewächse, 33. Erg. Lfg. 9/03: 1-13

Roloff, A.; Bärtels, A. 2018: Flora der Gehölze – Bestimmung, Eigenschaften, Verwendung. 5. Auflage, Ulmer (Stuttgart)

Schmidt, P. A.; Schulz, B. (Hrsg.) 2017: Fitschen – Gehölzflora. 13. Auflage, Quelle & Meyer (Wiebelsheim)

Schubert, R.; Vent, W. 1990: Rothmaler – Exkursionsflora von Deutschland. Kritischer Band. 8. Auflage, Volk und Wissen (Berlin)

Schwab, P. 2001: Flatterulme – Ulmus laevis Pall. Professur Waldbau ETHZ (Zürich)

Stadt Leipzig / Abteilung Stadtforsten 1998: Starkbaumkartierung (unveröffentlicht)

Stolk, T. 2001: Iepen voor Nederland. Elsevier Bedrijfsinformatie (Maarssen)

Weitere Veröffentlichungen des Autors

- 2000: Die Gattung Ulmus in Sachsen. Forstwissenschaftliche Beiträge Tharandt 9: 1-294

- 2000: Native Elms of Saxony, Germany. In: Dunn, C. (Hrsg.): The Elms – Breeding, Conservation, and Disease Management. Boston (Kluwer): 305-314

- 2001: Ulmus glabra. In: Schütt, P., H. Weisgerber, H. J. Schuck, U. Lang und A. Roloff (Hrsg.): Enzyklopädie der Holzgewächse, 24. Erg.Lfg. 6/01: 1-13

- 2003: Zur Blattmorphologie von Feld- und Bergulme. Mitteilungen der Deutschen Dendrologischen Gesellschaft 88: 101-115

- 2004: Gattung Ulmus. In: Schütt, P., H. Weisgerber, H. J. Schuck, U. Lang und A. Roloff (Hrsg.): Enzyklopädie der Holzgewächse, 37. Erg.Lfg. 9/04: 1-20

- 2004: The role of white elm (Ulmus laevis PALLAS) in German floodplain landscapes. In: Gil, L., A. Solla und G. Oullette (Hrsg.): New Approaches to Elm Conservation., Second International Elm Conference, Valsaín, (Spain) May 20-23, 2003. Sistemas y recursos forestales 13: 55-63

- 2007: Ergebnisse der Ulmen-Kartierung am Hamburger Elbhang. Berichte des Botanischen Vereins zu Hamburg 23: 3-25

- 2007: The elms of Co Cork – A survey of species, varieties and forms. Irish Forestry 64: 44-60

- 2009: Zwölf Jahre danach – Eine Langzeituntersuchung an Ulmen in Sachsen. Mitteilungen der Deutschen Dendrologischen Gesellschaft 94: 73-82

- 2013: Elm Losses and their Causes over a 20 Year Period (presentation, 3rd International Elm Conference, Florence, Italy)

- 2015: Eine Zukunft für die Ulmen. Teil 1. Pro Baum, Heft 4/2015: 18-21

- 2016: Ulmen für die Zukunft. Teil 2. Pro Baum, Heft 03/2016: 14-17

- 2021: Handbuch der Ulmengewächse. Version 2.7, https://www.ulmen-handbuch.de/handbuch/home.html